AF533465

Saif Wakeel
M. Arif Siddique
Sajjad Arif

Fabrico e propriedades mecânicas de compósitos de alumínio

Saif Wakeel
M. Arif Siddique
Sajjad Arif

Fabrico e propriedades mecânicas de compósitos de alumínio

Compósito de matriz metálica com reforço cerâmico de alumínio através da técnica de metalurgia do pó

ScienciaScripts

Imprint
Any brand names and product names mentioned in this book are subject to trademark, brand or patent protection and are trademarks or registered trademarks of their respective holders. The use of brand names, product names, common names, trade names, product descriptions etc. even without a particular marking in this work is in no way to be construed to mean that such names may be regarded as unrestricted in respect of trademark and brand protection legislation and could thus be used by anyone.

Cover image: www.ingimage.com

This book is a translation from the original published under ISBN 978-3-639-71638-2.

Publisher:
Sciencia Scripts
is a trademark of
Dodo Books Indian Ocean Ltd. and OmniScriptum S.R.L publishing group

120 High Road, East Finchley, London, N2 9ED, United Kingdom
Str. Armeneasca 28/1, office 1, Chisinau MD-2012, Republic of Moldova, Europe
Managing Directors: Ieva Konstantinova, Victoria Ursu
info@omniscriptum.com

Printed at: see last page
ISBN: 978-620-8-39194-2

Copyright © Saif Wakeel, M. Arif Siddique, Sajjad Arif
Copyright © 2024 Dodo Books Indian Ocean Ltd. and OmniScriptum S.R.L publishing group

O autor quer dedicar este livro à sua mãe, a falecida Naseem Jahan, ao seu avô, o falecido Mohd Rafeeq, e à sua família.

Conteúdo

Sobre o autor

Este livro "Fabrication and Analysis of Al-SiC- B_4 C Metal matrix composite via Powder metallurgy" foi escrito e experimentado por SAIF WAKEEL. Ele fez o seu 10+2 na sua terra natal, Begum Purwa, T.P Nagar Kanpur.

É estudante de licenciatura do ano pré-final no Departamento de Engenharia Mecânica da Universidade Muçulmana de Aligarh. Índia. Além disso, trabalhou como chefe de equipa de design numa equipa que representou a faculdade na competição automóvel nacional, "Effi-Cycle-2015", organizada pela SAE-India. Recebeu 8 ofertas de estágio de várias universidades de diferentes países e está a realizar o seu estágio na Universidade Nacional de Singapura, na área específica da nanotecnologia de materiais. Publicou um trabalho de investigação numa revista internacional.

Saif Wakeel também fundou uma plataforma "www.myinternguru.com" para ajudar os estudantes juniores a adquirir estágios em várias empresas e organizações e colocou 15 estudantes em duas empresas diferentes com áreas específicas de Engenharia Mecânica e Eletrónica.

Toda a experiência desta investigação foi realizada por ele no Laboratório de Metalurgia do Pó, Departamento de Engenharia Mecânica, A.M.U, Índia

Resumo

A matriz metálica de alumínio tem uma vasta aplicação no sector automóvel, aeroespacial, desportivo e estrutural devido à sua elevada relação resistência/peso. Geralmente, os compósitos de matriz metálica de alumínio são formados por metalurgia do pó e técnica de fundição direta. A metalurgia do pó é um método em que os compósitos são formados pela mistura de elementos com diferentes propriedades químicas na matriz metálica. Esta técnica proporciona uma boa homogeneidade química ao produto final, um enorme potencial de poupança em caso de produção em massa, uma elevada taxa de produção e excelentes propriedades de resistência ao desgaste dos componentes produzidos. Nesta investigação, as três amostras de pó com a seguinte composição, ou seja, (90% Al 7% SiC 3% B_4 C, 90% Al 5% SiC 5% B_4 C, 90% Al 3% SiC 7% B_4 C) com uma mistura e compactação adequadas, com três cargas de compactação de 3,4 e 5 toneladas, foram utilizadas para a avaliação das propriedades mecânicas, tais como densidades verdes e sinterizadas, dureza, XRD, etc. Depois de analisar as diferentes propriedades, verifica-se que as densidades verde e sinterizada aumentam com o aumento da quantidade de carboneto de boro, mas estas são máximas para a composição de 90% Al 5% SiC 5% B_4 C. A análise XRD também é efectuada e mostra uma estrutura de pó equiaxial.

Palavras-chave: MMC, Metalurgia do pó, Carga de compactação, Propriedades mecânicas, Reforço

Agradecimentos

O autor gostaria de aproveitar esta oportunidade para exprimir o seu sincero agradecimento e gratidão às seguintes pessoas que forneceram conselhos e assistência inestimáveis.

Dr. M.A Arif Siddique, Professor associado, Departamento de Engenharia Mecânica, Universidade Muçulmana de Aligarh, Aligarh, Índia.

Dr. Sjjad Arif, bolseiro de doutoramento, Departamento de Engenharia Mecânica, Universidade Muçulmana de Aligarh, Índia.

Sr. Ateeb Ahmad Khan, Professor Assistente, Departamento de Engenharia Mecânica, Universidade Muçulmana de Aligarh, Índia.

Sr. Mujahid, técnico de laboratório, Departamento de Engenharia Mecânica, Universidade Muçulmana de Aligarh, Índia

Capítulo 1. Introdução

A matriz metálica de Al é formada pelo espalhamento de reforços como SiC (carboneto de silício, dióxido de alumínio, carboneto de titânio, carboneto de boro, etc.) sobre a matriz metálica de Al. A utilização de reforços destina-se a melhorar as propriedades mecânicas da matriz metálica e também a aumentar a resistência. Basicamente, os reforços de MMC dividem-se em quatro categorias principais: fibras contínuas, fibras descontínuas, whiskers, fios e partículas [3]. A utilização de cinzas volantes como reforço é significativa devido ao seu baixo custo e à sua disponibilidade como resíduo em centrais térmicas [5]. Neste artigo, vamos investigar as várias metodologias para fazer diferentes compósitos através de diferentes reforços e os seus efeitos nas propriedades mecânicas.]. O carboneto de silício, o carboneto de boro, a alumina, o carboneto de tungsténio, o dióxido de titânio, a grafite, os nanotubos de carbono e a sílica são os reforços básicos, mas o carboneto de silício e a alumina são os mais utilizados. A grafite é condutora, tem uma excelente combinação de alto módulo, alta resistência à tração e oferece resistência a altas temperaturas. O reforço com SiC aumenta a dureza, a resistência à tração, a resistência ao desgaste e a densidade das ligas de Al. A adição de carboneto de boro aumenta exponencialmente a dureza, enquanto a resistência ao desgaste não aumenta significativamente. O carboneto de tungsténio como reforço aumenta a resistência à tração e a dureza do MMC[4].

Capítulo 2. Revisão da literatura:

Gaurang Deep [1] investigou as propriedades mecânicas do compósito Al-SiC utilizando uma amostra (400 grit) de alumínio comercial e pó de SiC. Neste trabalho, foram fabricadas cinco amostras diferentes, alterando a quantidade de SiC (5%, 10%, 15%, 20% e 25%). Este resultado mostrou que 15% da amostra de reforço de SiC tem a dureza máxima. O mesmo tipo de investigação foi efectuado por purohit[2]. O investigador fabricou seis amostras de compósito de alumínio (5%, 10%, 15%, 20%, 25%, 30% de SiC). A porosidade dos compactos sinterizados e não sinterizados foi medida utilizando o princípio das arquimidias. Nesta experiência, verificou-se que a dureza aumenta com o aumento do teor de carboneto de silício e a resistência também aumenta com o aumento da quantidade de SiC. S.Das al [2] fabricou e investigou o efeito do reforço na capacidade de forja e nas propriedades mecânicas do compósito de matriz metálica de alumínio. Neste trabalho, foram fabricadas quatro amostras com (5%, 10%, 15%, 20% de SiC) através de metalurgia do pó e calculada a densidade teórica e experimental, a capacidade de forja, a dureza e a resistência à tração. Os resultados obtidos nesta experiência mostram que a) a capacidade de forja diminui com o aumento da percentagem de SiC, b) a densidade aumenta com o aumento de SiC c) a dureza e a resistência aumentam com o aumento de SiC. . Md. Habibur Rahman al [4] fabricou um compósito de matriz metálica de alumínio e carboneto de silício com 0, 5, 10 e 20% de SiC e obteve que 20% do AMC reforçado apresentou a máxima resistência à tração e dureza. Também se observou a formação de aglomerados e a dispersão não homogénea na microestrutura e a resistência ao desgaste também aumentou com o aumento do teor de SiC na matriz de Al. Aniruddha V. Mulley al[5] investigou o compósito de alumínio reforçado com carboneto de silício (5%, 10% e 20% de SiC). O estudo mostrou que o aumento da fração volumétrica de SiC resultará numa maior microdureza do AMC. Esta experiência também explicou que o Al-SiC tem uma condutividade térmica mais elevada, razão pela qual este compósito é utilizado no sistema de micro-ondas, na tampa plana de chips em redes, no sistema de telecomunicações e na válvula de admissão e escape do Toyota Altezza. Y.Sahin al [6] preparou e investigou algumas propriedades da liga de alumínio reforçada com SiC. Este estudo demonstrou que a metalurgia do pó é um método preciso de fabrico de ligas, mas dispendioso, razão pela qual se utiliza o método de fundição por compressão para fabricar ligas de alumínio. Foram efectuados exames microscópicos ópticos, medições de densidade, dureza e porosidade. O compósito com 10% e 20% de SiC como reforço foi preparado utilizando um forno elétrico de indução, com uma potência de 2kw e protegido com gás árgon. Foram utilizados três métodos para adicionar SiC ao compósito. Neste caso, apenas será abordado um método, mas o mais importante, ou seja, a utilização de um tubo de túnel. Uma pequena quantidade de SiC é misturada na matriz durante o tempo de adição, utilizando este método algumas partículas de SiC distribuídas à volta e algumas permanecem no fundo/topo do forno. Após o processo de mistura, estes blocos foram colocados num cadinho e mantidos para serem fundidos. Após a conclusão do processo de fusão, iniciou-se a mistura. Cerca de 5 a 8 g de carboneto de silício foram inseridos numa folha de alumínio, formando um pacote. O pacote foi adicionado ao metal fundido do cadinho quando se formou um vórtice a cada 525 segundos. O pacote de mistura derreteu e as partículas começaram a distribuir-se na amostra de liga. Os diferentes testes foram efectuados e obtiveram-se alguns resultados importantes. O exame microestrutural mostrou que as partículas de SiC estavam distribuídas uniformemente sobre a liga e não foi possível estimar a porosidade da interface. A "MMC" constituída por 10%, 20% de SiC pode ser fabricada facilmente através do processo de mistura de metal fundido. O fabrico da liga Al- foi efectuado com êxito por via da metalurgia líquida através da adição de SiC sob a forma de pacotes. T.G Nieh al [7] investigou as propriedades mecânicas de compósitos de alumínio à base de reforço de SiC, incluindo matrizes de ligas 2024 e 6061. Embora o reforço de SiC aumente as propriedades mecânicas das ligas de Al- a uma temperatura elevada, neste estudo também são investigadas a energia de taxa de deformação e a energia de ativação para a deformação por fluência. As três amostras aqui fabricadas foram SiC-6061 Al a 20 vol., SiC-6061 Al a 30 vol. e SiC-2124 Al a 20 vol. através do método de metalurgia do pó. O compósito 2124 Al foi testado sob configuração de tensão de cisalhamento dupla e os compósitos 6164 Al foram testados em tensão sob tensão constante. O compósito SiC 2124-Al de 20 vol. foi ensaiado a uma temperatura elevada de 643K sob diferentes valores de tensão de cisalhamento. Na maioria dos metais, ocorrem geralmente três fases principais: uma fase primária curta, uma fase secundária longa e razoável e, em seguida, uma taxa de fluência crescente na fase terciária. Observou-se que o comportamento à fluência do compósito de alumínio reforçado com SiC descontínuo é totalmente diferente do material métrico. A taxa mínima de fluência do compósito, no entanto, depende fortemente da temperatura e das tensões aplicadas. Yusof Abdullah[3] fabricou e analisou as propriedades mecânicas fazendo duas amostras de AL/B_4 C com reforço (5, 10 wt% de B_4 C). Nesta experiência, os pós de Al e B_4 C foram misturados por moagem de bolas, secos e sinterizados a 850^0 C durante 2 horas. Neste trabalho, o tempo de moagem de 8 e 16 horas foi o parâmetro de controlo. O teste de dureza foi efectuado nestes dois tempos de moagem diferentes e os resultados mostraram um aumento da dureza do compósito Al/B_4 C ao aumentar a quantidade de carboneto de boro nos compósitos. O resultado indicou que a densidade aumenta com o aumento do tempo de moagem, mas diminui com o aumento da quantidade de reforço de B_4 C nos compósitos de Al. Jinkwan jung al[9] fabricou compósitos Al- B_4 C através de metalurgia do pó e investigou as propriedades mecânicas. O reforço de carboneto de boro tem algumas propriedades avançadas, tais como dureza extremamente elevada (H_v =30GPa) e baixa densidade específica (2,5 gm/cm^3). Para além disso, tem vantagens distintas para uma aplicação que envolva resistência ao desgaste e resistência ao impacto. Neste estudo, o titânio e a sua liga foram utilizados como aditivos para melhorar a capacidade de humidade do alumínio líquido em esqueletos de carboneto de boro. Foram formadas quatro amostras de boro com o seu aditivo, tendo o alumínio (99,9%) como resto B_4 C:TiB_2 , B_4 C:TiN numa proporção de peso de 5:1 e B_4 C:Ti numa percentagem de peso de 10:1 ou 20:1. As misturas foram agitadas magneticamente com acetona para uma mistura uniforme, secando a 100° C. Após a mistura, foi compactada sob uma carga uni-axial de 100MPa. Foi utilizada uma pressão de 200MPa quando se formaram misturas bimodais. O resultado de XRD mostrou a presença da fase Al_4C_3. Foram calculadas diferentes propriedades mecânicas utilizando diferentes instrumentos, como o valor de dureza de 88HRA por tratamento térmico das amostras a 1100° C durante 8h. A tenacidade à fratura de 9,2 MPa*m$^{1/2}$ foi obtida por tratamento térmico da amostra a 600° C durante 20 h. A densidade compacta dos espécimes foi de ~85%. Ibrahim em [10] investigou todas as propriedades mecânicas do compósito de matriz metálica baseado em Al-15% B_4 C. O investigador observou que a ductilidade da amostra composta diminuía com o aumento do volume de B_4 C e que a fratura de B_4 C ocorria por processo de clivagem. Baradeswaran.A al [11] investigou as propriedades mecânicas e tribológicas da liga de alumínio (6061)-carboneto de boro. No seu estudo, as amostras foram fabricadas através da metalurgia do pó, com 5, 10, 15 e 20% de volume de reforço (B_4 C). Os métodos de fabrico dos provetes foram os mesmos que os discutidos anteriormente. As amostras compósitas produzidas foram caracterizadas por ensaios de dureza e compressão. O resultado deste ensaio mostrou que, ao aumentar a percentagem vol ou a quantidade de B_4 C, a dureza do compósito aumenta em conformidade devido ao aumento da fase cerâmica da liga metálica. A resistência à compressão do compósito também aumenta com o aumento do teor de B_4 C. A resistência ao desgaste do compósito aumenta com o aumento da quantidade de B_4 C, o coeficiente de atrito diminui com o aumento do teor de carboneto de boro, com um mínimo de 0,3 a 10% vol e permanece estável entre 0,3 e 0,4. Pradeep V. Badigar al [12] investigou as propriedades mecânicas da liga de alumínio 6061 com reforço de B_4 C. O investigador observou que a dureza aumenta consideravelmente com a adição do teor de B_4 C e que se verificou uma melhoria de 17% e 38% na resistência à tração final da liga de alumínio 6061 com a adição de 7% e 9% de B_4 C. A resistência à compressão da liga de alumínio com a adição de 7% e 9% de B_4 C foi de 330 N/mm^2

e 355 N/mm^2 . Dewan Muhammad Nuruzzaman al [13] fabricou três amostras de matriz de alumina-alumínio (Al- Al_2O_3) com 10%, 20% e 30% de alumina (Al_2O_3) e calculou o efeito em diferentes propriedades mecânicas. Estes espécimes foram fabricados sob diferentes cargas de 15 e 20 toneladas. Basicamente, neste estudo, foi calculado o efeito da fração volumétrica de Al_2O_3 e da carga de compactação nas propriedades do Al/ Al_2O_3 . Ao recolher diferentes amostras, observou-se que o aumento da carga de 15 toneladas para 20 toneladas aumenta a densidade do compósito de Al. Ao aumentar a fração volumétrica de alumina, a densidade aumenta mas, após o processo de sinterização, observou-se que, para a carga de compactação de 20 toneladas, o aumento da densidade do compósito era, de certa forma, inferior ao do compósito sob a carga de 15 toneladas. Foi calculado, através do teste de dureza Rockwell, que a dureza média sob a carga de compactação de 20 toneladas é superior à do compósito sob a carga de compactação de 15 toneladas e que a densidade do compósito sob a carga de 20 toneladas é superior à do espécime sob 15 toneladas. Bhaskar Raju al [14], a matriz de alumínio tem propriedades melhoradas, tais como módulo elástico, dureza, resistência à tração à temperatura ambiente e elevada em relação às ligas não reforçadas. Os compósitos híbridos são relativamente novos e são obtidos através da utilização de dois ou mais tipos diferentes de materiais de reforço na matriz metálica. Os compósitos híbridos têm melhores propriedades globais do que os compósitos que contêm apenas uma fase. Neste estudo, o fabrico de Al-4%Cu/Alumina foi feito por reação in-situ para formar alumina durante o fabrico. O material obtido no início tinha sílica, cobre e alumínio. Nesta experiência, em primeiro lugar, a sinterização da mistura foi feita a uma temperatura elevada de 650° C e, em seguida, o forjamento a quente foi feito a uma temperatura elevada de 590° C a 650° C. Após este processo, observou-se que a reação química entre a sílica e o alumínio ocorreu durante o longo aquecimento acima de 590° C. A microestrutura mostrou que as áreas reagidas consistiam em alumina gama. foi feito a uma temperatura elevada de 650° C e, em seguida, o forjamento a quente foi feito a uma temperatura elevada de

590° C a 650° C após este processo, observou-se que a reação química entre a sílica e o alumínio ocorreu durante o longo aquecimento acima de 590° C. N.parvin al[15] investigaram o efeito do óxido de alumínio nas propriedades mecânicas do alumínio puro. A técnica de metalurgia do pó foi utilizada para fabricar o pó. Neste estudo foram preparadas três amostras de diferentes tamanhos (3, 12 e 48qm) mas com a mesma percentagem de óxido de alumínio (10%) e foram calculadas as propriedades efectivas. Em primeiro lugar, as amostras foram prensadas a frio sob 440 MPa e depois sinterizadas a 550° C durante 45 min. Os resultados mostraram que a densidade relativa aumentou inicialmente com a diminuição do tamanho das partículas, mas diminuiu com a redução do tamanho das partículas e também indicou que as propriedades mecânicas aumentaram com a diminuição das partículas. G.B veeresh kumar al[16] investigou as propriedades da liga de alumínio (Al-7075) com reforço de Al_2O_3 . Neste estudo, os espécimes compósitos foram preparados utilizando a técnica de metalurgia líquida (já discutida em...). Aqui foram estimados alguns dos resultados importantes que incluem o aumento da dureza com um aumento da percentagem de Al_2O_3 . A resistência ao desgaste também foi avaliada, mostrando as propriedades superiores de resistência ao desgaste do compósito. Ravichandran et al. [17] sintetizaram um compósito de Al+TiO_2 +Gr através de metalurgia do pó. A matriz metálica de alumínio é maioritariamente utilizada como material de design para o rolamento devido à sua boa porosidade. Em todos os reforços SiC, alumina, carboneto de boro, o dióxido de titânio possui elevada dureza, módulo com resistência superior à corrosão e resistência ao desgaste. Neste estudo, foram utilizadas três amostras de Al+TiO_2 +Gr, sendo a primeira amostra constituída por 2,5% de TiO_2 e o resto de alumínio, Al-2,5% de TiO_{2}- 2% Gr e a última amostra com Al, 2,5%-TiO_2 , 4% Gr. A mistura foi efectuada com esferas e a razão de peso do pó de 5:1 e a sinterização foi efectuada a uma temperatura mais elevada de 590° C. A análise XRD para Al-2,5% TiO_2- 2% Gr foi realizada em XRD, difratómetro, alvo C_u ka com o comprimento de onda de 1,5418 A° . Os resultados XRD confirmaram a presença de grafite e TiO_2 reforço na matriz de alumínio. Os diferentes padrões do compósito mostraram que o alargamento do pico de Al aumenta com a adição crescente de reforços de Al e Gr. Os resultados deste estudo também incluem que o peso de 2,5 aumenta a dureza dos desempenhos e a adição de 4% de Gr ao Al+2,5% AlO_2 diminui a dureza do compósito Al-. M. Ravichandran et al[18] investigaram o Al- TiO_2 através da técnica de metalurgia do pó líquido. Trata-se de um tipo especial de estudo em que o investigador fabricou o compósito Al- com a presença de 5% em peso de TiO_2 através da técnica de metalurgia do pó líquido. Basicamente, a técnica de metalurgia do pó líquido é mais económica na natureza, com fibras e partículas descontínuas. Neste estudo, primeiro um Al- foi sobreaquecido acima do ponto de fusão e, em seguida, a temperatura foi arrefecida até à temperatura do líquido para manter a liga da matriz no estado semi-sólido, as partículas de TiO_2 foram introduzidas na pasta e misturadas utilizando um agitador de grafite. Após o processo de sinterização, foram efectuados diferentes testes, nomeadamente de dureza e de SEM, e calculada a dureza e a resistência à tração do compósito TiO_2 com 5% de peso. Após a realização destes ensaios, observou-se que a dureza aumenta com a adição de TiO_2 no compósito Al- em comparação com o Al puro. O ensaio de resistência à tração foi realizado utilizando o microscópio eletrónico. A partir deste ensaio, observou-se que a falha foi dúctil-frágil e foi causada devido à presença de TiO_2 duro e frágil. Sumanth H.R al [19] investigou as propriedades mecânicas da liga de alumínio (Al6061) com reforço de óxido de titânio.

Neste estudo, o espécime foi obtido com diferentes percentagens de TiO_2 (5%, 10% e 15%) em peso. A partir da experiência, observou-se que, para 5% de reforço de TiO_2 , a dureza da amostra era máxima em comparação com as outras amostras, pelo que a resistência à compressão é recomendada para o compósito de matriz metálica de 5% de TiO_2 . A resistência ao desgaste aumenta com o aumento da percentagem de TiO_2 até 15%. O ensaio SEm permite uma distribuição uniforme do reforço na matriz metálica. A partir das experiências mencionadas acima, observa-se que, ao aumentar a quantidade destes dois reforços em diferentes quantidades, a dureza aumenta enquanto a densidade diminui e o efeito do tempo de moagem também é observado. Assim, nesta experiência, o carboneto de silício e o carboneto de boro são misturados em diferentes percentagens como reforço sobre a matriz metálica de Al.

2.1 Alumínio

Atualmente, as ligas de alumínio estão a ser estudadas na maioria dos domínios da engenharia automóvel, aeroespacial e de dispositivos portáteis. A investigação no domínio do motor automóvel e das peças para automóveis é importante, uma vez que pode reduzir o peso e o impacto ambiental devido à emissão de gases. Com excelentes propriedades mecânicas e baixa densidade, o alumínio tem uma relação resistência/peso superior. Combinado com a sua capacidade de ser facilmente moldado sob alta pressão, os materiais de alumínio são uma excelente escolha para produtos electrónicos de consumo e automóveis leves. No entanto, o alumínio não é utilizado na sua forma pura. A investigação tem demonstrado que a adição de reforços cerâmicos ou metálicos pode melhorar tanto a resistência como a ductilidade do alumínio puro. Por este motivo, estamos a adicionar partículas de carboneto de silício e de carboneto de boro e a investigar o seu impacto nas propriedades do compósito formado.

Símbolo

Al

Número atómico

13

Raio atómico

143 pm

Ponto de fusão

933,47 K (660,32 °C, 1220,58 °F)

Ponto de ebulição

2743 K (2470 °C, 4478 °F)

Densidade

2,70 g/cm^3

Fase à temperatura ambiente

Sólido

Classificação dos elementos

Metal

Período Número

3

Número do grupo

13

2.2 Compósitos

Existem três tipos principais de compósitos;

1. Compósitos de matriz cerâmica (CMCs)

Os materiais cerâmicos têm geralmente muito boas propriedades materiais, como elevada resistência e rigidez a temperaturas muito elevadas, baixa densidade e resistência à corrosão. No entanto, carecem de tenacidade e são propensos a falhas catastróficas [5]. Um CMC é um compósito em que qualquer uma das matrizes ou fibras dominantes é um material cerâmico.

2. Compósitos de matriz polimérica (PMC)

Os PMC são materiais que contêm uma camada de material polimérico (resina) combinada com uma fase dispersa reforçada com fibras. Estes compósitos são comuns e populares devido ao seu baixo custo e facilidade de síntese. A principal vantagem dos PMC é que têm uma elevada resistência à tração, rigidez e resistência à fratura [31]. No entanto, os PMCs tendem a ter baixa resistência térmica. Alguns exemplos de PMCs são o Kevlar e a fibra de vidro.

3. Compósitos de matriz metálica (MMCs).

Os compósitos de matriz metálica são materiais com pelo menos 2 constituintes, em que a matriz é composta por um metal. São fabricados através da dispersão de um material de reforço numa matriz metálica [32]. Existem diferentes métodos de síntese, incluindo métodos de estado sólido e métodos de estado líquido. Têm muitas aplicações numa variedade de indústrias, incluindo a automóvel e a aeroespacial.

2.3 Caraterística do compósito

2.3.1 Carboneto de silício

Símbolo

SiC

Massa molar

40,10 gm/mol

Ponto de fusão

2.830 °C (5.130 °F)

Densidade

3,16 g/cm3

Fase à temperatura ambiente

Sólido

Classificação dos elementos

Cerâmica

Aparência

Preto azulado

O carboneto de silício tem uma cor azulada e preta. O carboneto de silício não derrete a qualquer temperatura conhecida. É também altamente inerte do ponto de vista químico. É duro e a elevada resistência à rutura do campo elétrico e a elevada densidade máxima de corrente tornam-no mais promissor do que o silício para dispositivos de alta potência.

2.3.2Carboneto de boro

Símbolo

B_4C

Massa molar

55.25 g

Aparência

Cinzento escuro

Ponto de fusão

2.763 °C (5.005 °F)

Ponto de ebulição

3.500 °C (6.330 °F

Densidade

2.52

Fase à temperatura ambiente

Sólido

Classificação dos elementos

Cerâmica

O carboneto de boro é cerâmico e conhecido como um dos materiais mais duros, atrás do nitreto de boro cúbico e do diamante. É utilizado em coletes à prova de bala e em várias aplicações industriais.

2.4.1) Compósito de alumínio

O alumínio é uma escolha típica como matriz de material, também o alumínio tem uma densidade de 2,70 gm/cm^3 , o que o torna uma escolha preferível para ser utilizado como matriz de metal. O alumínio é atualmente utilizado na estrutura de aeronaves e em muitos componentes, tais como pastilhas de travão em automóveis, para adquirir uma resistência muito boa.

2.4.2Requisitos dos reforços :

a) Reforços de baixa densidade para aplicações de peso crítico.

b) Boa compatibilidade mecânica por possuir diferença no CTE (entre a matriz metálica e o reforço).

c) Boa aderência óptima entre a matriz metálica e o reforço.

d) Elevadas propriedades mecânicas.

e) Boa resistência à corrosão.

f) Elevada disponibilidade a um custo razoável.

2.4.3Seleção do reforço: SiC-B^C

Quando o material cerâmico é utilizado como reforço, obtêm-se boas propriedades mecânicas, tais como elevada resistência e elevada capacidade de absorção de vibrações. O carboneto de silício é cerâmico e tem boas propriedades mecânicas, pelo que é utilizado como reforço, e o carboneto de boro é o terceiro material mais duro do mundo, pelo que é utilizado como reforço para aumentar a dureza.

2.5 Método de fabrico

Há uma variedade de técnicas de fabrico de processamento primário que podem ser utilizadas para processar ligas de alumínio. O processamento desempenha um papel importante para decidir a qualidade final do material compósito obtido. Algumas técnicas importantes são descritas a seguir: **2.5.1 Fundição convencional:**

As técnicas de fundição convencionais que são utilizadas para o alumínio incluem a fundição sob pressão, a fundição por compressão, a fundição de metal semi-sólido e a fundição por agitação.

A forma mais rudimentar de fundição de alumínio é a fundição por agitação[33]. A fundição por agitação é o método mais comercial para preparar compósitos de matriz metálica de alumínio. Foi utilizado pela primeira vez por S. Ray em 1968 [34]. O fabrico de compósitos de matriz metálica de alumínio é feito facilmente por este método porque é económico e adequado até 30% de fração volumétrica de reforço. Este método utiliza a agitação mecânica, ultra-sónica ou electromagnética do reforço na matriz metálica. O principal problema observado com este método é conseguir uma humidificação suficiente do metal líquido e obter uma dispersão homogénea do reforço cerâmico [35].

2.5.2Moldagem por pulverização

Na formação ou deposição por pulverização, o metal é fundido num forno. Antes de entrar num molde, o fluxo de metal fundido é afetado por um fluxo de gás ou água para formar pequenas gotículas de metal fundido. As gotículas atomizadas são então depositadas num substrato metálico para formar o material a granel. Devido à corrente de fluido utilizada para desintegrar a corrente de metal fundido, existe a possibilidade de obter uma elevada porosidade no material resultante, o que afectará negativamente as propriedades mecânicas do material final.

2.5.3. Deposição de material fundido desintegrado

A técnica de deposição por fusão desintegrada (DMD) é uma modificação da atomização e deposição por pulverização. A DMD oferece as vantagens da fundição convencional e também da formação por pulverização. O método DMD reúne a relação custo-eficácia da fundição convencional e a inovação científica e o potencial tecnológico do processo de pulverização. No entanto, ao contrário do processo de pulverização, a técnica DMD utiliza uma temperatura de sobreaquecimento mais elevada e uma velocidade inferior do jato de gás de impacto. Isto resulta num rendimento elevado com uma distribuição uniforme da fase cerâmica. O material compósito deve apresentar uma distribuição uniforme do reforço cerâmico e uma boa ligação entre o reforço cerâmico e a matriz metálica.

2.5.4Técnica de metalurgia do pó

A técnica de metalurgia do pó inclui a mistura do reforço com a matriz metálica e, em seguida, a mistura até um certo tempo. Os biletes compactados são aquecidos a uma temperatura elevada, próxima do ponto de fusão do material de base. Este processo é designado por sinterização e, em seguida, obtém-se um bilete sinterizado. Nesta investigação, a técnica de metalurgia do pó é utilizada para fabricar um compósito de matriz metálica.

Vantagens da técnica de metalurgia do pó

- A flexibilidade da composição obtida através desta técnica
- Elevado potencial de poupança
- Boa homogeneidade química
- Elevada taxa de produção com baixo custo
- A tolerância do componente é muito elevada
- Utilização de 100% da matéria-prima
- Pode produzir formas complicadas com uma estrutura uniforme.

A figura 1 mostra todas as etapas de processamento na técnica de metalurgia do pó

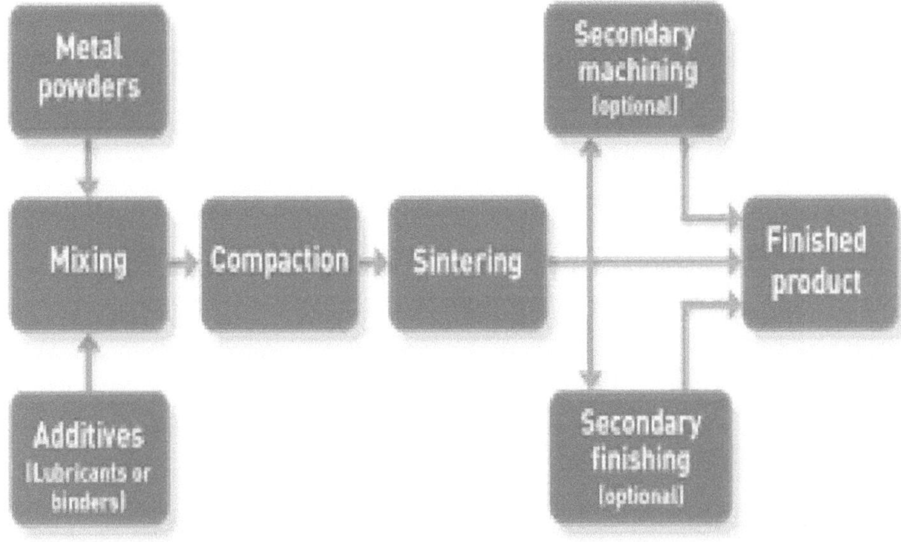

Capítulo 3. Procedimento experimental

3.1.) Mistura:

O pó de alumínio e os diferentes reforços foram misturados utilizando a máquina Fritsch Puluerisette (fabricada na Alemanha) com uma relação de 10:1 entre a bola e o pó [4]. O tempo de agitação foi de 45 minutos a uma rpm de 350. Cada composição (Al-3%SiC-7% B_4 C), (Al-7%SiC-3% B_4 C) e (Al-5%SiC-5% B_4 C) teve o mesmo tempo de mistura. A condição de mistura é mostrada abaixo na fig. 2 e fig.3

3.2 Compactação:

Durante a compactação, a força de compactação foi de 3,4 e 5 toneladas. Agora foram formadas três amostras diferentes de cada composição com um peso de 2 gm. Utilizando um diâmetro de 8 mm de aço de tintura, foram formadas 9 amostras de 2 gm com diferentes composições, como se mostra abaixo. A compactação foi efectuada com a prensa hidráulica de pellets Tipo KP Sr.No 1327 Mfrs Kimaya Engineers,India. A Figura 4 mostra o mecanismo de compactação através da prensa hidráulica de pellets.

Densidade verde

A densidade da pelota antes da sinterização ou após a compactação é conhecida como densidade verde, pelo que nesta experiência são apresentados os dados obtidos durante a medição da densidade verde. A densidade compacta ou verde aumenta com o aumento da pressão de compactação e, nesta experiência, a compactação é bem sucedida porque a altura do pellet (H)/diâmetro do pellet (D) é inferior a 5 para cada amostra de pellet.

S.N	**Composição**	**Peso do pó (gm)**	**Pressão de compactação Tonelada**	**Peso do compacto (gm)**	**Densidade verde (Gm/mm^3) *(10)$^{-3}$**
1	**Al-3%SiC-7%** B_4C	**2**	**3**	**1.973**	**2.49**
2	**Al-3%SiC-7%** B_4C	**2.01**	**4**	**1.980**	**2.51**
3	**Al-3%SiC-7%** B_4C	**2.01**	**5**	**1.95**	**2.52**
4	**Al-7%SiC-3%** B_4C	**2.01**	**3**	**1.99**	**2.33**
5	**Al-7%SiC-3%** B_4C	**2.00**	**4**	**1.99**	**2.40**
6	**Al-7%SiC-3%** B_4C	**2.03**	**5**	**2.01**	**2.70**
7	**Al-5%SiC-5%** B_4C	**2**	**3**	**1.98**	**2.56**
8	**Al-5%SiC-5%** B_4C	**2**	**4**	**1.98**	**2.57**
9	**Al-5%SiC-5%** B_4C	**2**	**5**	**1.99**	**2.68**

1. C) Sinterização

A sinterização consiste basicamente em aquecer a pastilha a uma temperatura elevada na presença de ar (N_2) ou gás árgon (Ar). Nesta experiência, foi utilizada uma garrafa de gás nitrogénio para obter uma melhor sinterização. A temperatura e o tempo de sinterização foram de 450^0 C e 8 horas, respetivamente. O forno de sinterização é apresentado na figura.

Densidade sinterizada

A densidade do granulado após a compactação é conhecida como densidade sinterizada.

S.N	**Composição**	**Carga de compactação (Ton)**	**Peso da pelota sinterizada (gm)**	**Sinterizado Densidade Gm/mm³ (10)⁻³**
1	**Al-3%SiC-7%** B_4C	**3**	**1.94**	**2.57**
2	**Al-3%SiC-7%** B_4C	**4**	**1.95**	**2.56**
3	**Al-3%SiC-7%** B_4C	**5**	**1.95**	**2.63**
4	**Al-7%SiC-3%** B_4C	**3**	**1.99**	**2.48**
5	**Al-7%SiC-3%** B_4C	**4**	**1.98**	**2.56**
6	**Al-7%SiC-3%** B_4C	**5**	**2.0**	**2.52**
7	**Al-5%SiC-5%** B_4C	**3**	**1.97**	**2.52**
8	**Al-5%SiC-5%** B_4C	**4**	**1.97**	**2.60**
9	**Al-5%SiC-5%** B_4C	**5**	**1.98**	**2.61**

A tabela abaixo mostra os vários parâmetros de densidade sinterizada. E a figura 5 mostra a comparação.

É apresentada uma comparação gráfica entre a densidade verde e a densidade sinterizada

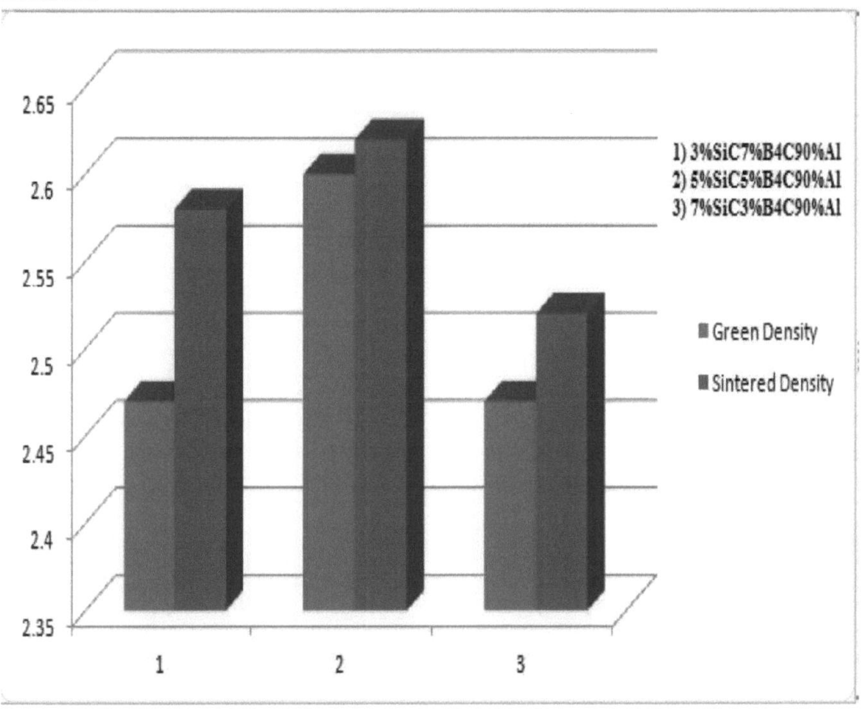

1. D) Acabamento de superfícies

O acabamento da superfície de uma amostra é um fator importante para a realização de outros ensaios. Para o acabamento da superfície, utilizou-se uma lixa de grau 180, **400, 600, 1000, 2000** para tornar a amostra num espelho e, no que diz respeito ao tratamento químico, foi efectuada uma operação de gravura para remover a camada extra de metal da superfície da pastilha sinterizada. Foi utilizado o reagente de Keller (misturador de ácido nítrico e ácido fluorídrico). Neste mecanismo, após a preparação do reagente de Keller, cada amostra foi mantida no reagente de Keller durante 10-20 segundos.

2) Teste efectuado

No presente estudo, os diferentes testes efectuados são os seguintes

2. A) Ensaio de dureza

O ensaio de dureza Rockwell foi efectuado nesta experiência para testar as várias

A figura 6 mostra o aparelho de teste de dureza Rockwell.

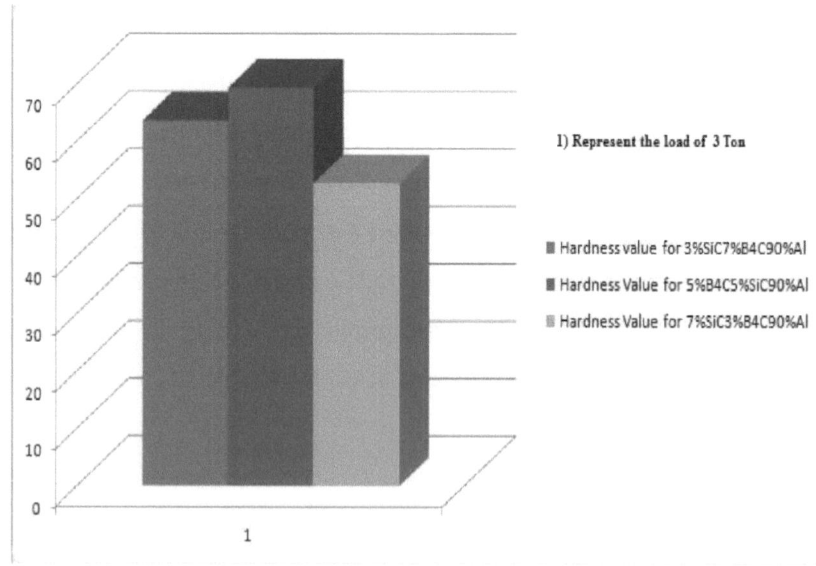

amostra de composição diferente. O ensaio de dureza foi efectuado com um indentador de 1/16" e a 100 kgf.

Os resultados obtidos da dureza são apresentados na figura 7.

Nota* O ensaio acima foi efectuado com uma carga de 3 toneladas.

2.B) Microscópio ótico

A fim de verificar a distribuição do reforço em toda a estrutura de Al, a estrutura foi observada utilizando um microscópio ótico. O teste de cada amostra foi feito utilizando o microscópio eletrónico de varrimento (SEM) JEOL JSM-5600LV. Como se pode ver na figura 8.

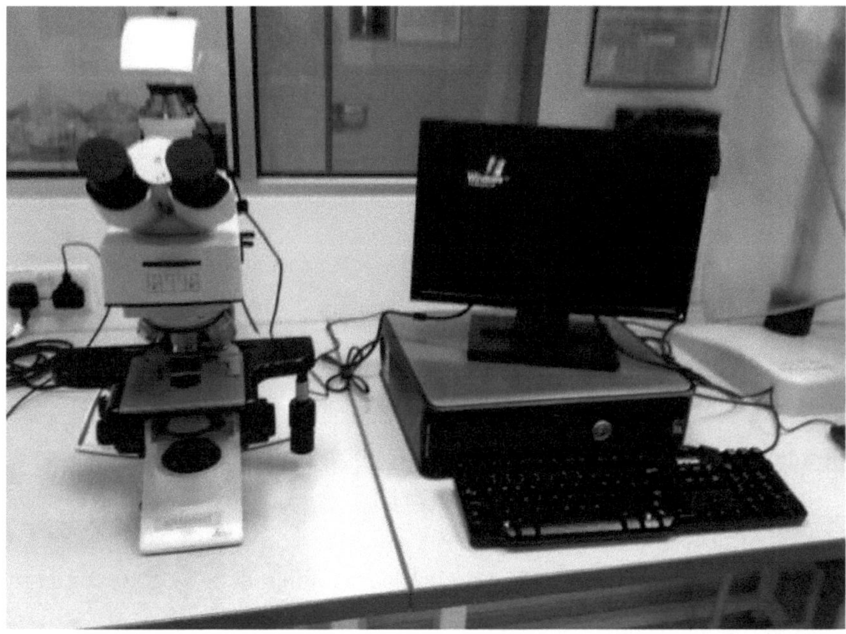

Tamanho do grão

Para determinar o tamanho do grão, uma amostra polida de diamante de Al 7%SiC3% B_4 C a 4 toneladas foi gravada com o reagente Keller durante 30 segundos. Obteve-se um grão nítido como mostra a figura 9.

Resultados e discussões

Processamento de metalurgia do pó

O compósito de matriz metálica de alumínio com reforço de SiC- B_4 C foi fabricado com sucesso com uma qualidade final melhorada.

O pormenor experimental completo de cada síntese em toda a investigação é apresentado a seguir.

Composição	Alumínio (g)	Carboneto de silício (mg)	Carboneto de boro (mg)
Al-3%SiC-7% B_4C	10	300	700
Al-7%SiC-3% B_4C	10	700	300
Al-5%SiC-5% B_4C	10	500	500

Resultados da medição da densidade

a) Densidade verde

A densidade verde média para o 90%Al3%SiC7% B_4 C, 90%Al5%SiC5% B_4 C e 90%Al7%SiC3% B_4 C foi calculada como $2{,}50*10^{-3}$, $2{,}62*10^{-3}$ e $2{,}47*10^{-3}$ gm/mm^3 . Isso representa que a densidade verde média aumenta com o aumento da percentagem de reforço de carboneto de boro, mas a densidade verde foi encontrada no máximo para 90%Al5%SiC5% B_4 C.

b) Densidade sinterizada

A densidade sinterizada média para o 90%Al3%SiC7% B_4 C, 90%Al5%SiC5% B_4 C e 90%Al7%SiC3% B_4 C foi calculada como $2{,}58*10^{-3}$, $2{,}62*10^{-3}$ e $2{,}52*10^{-3}$ gm/mm^3 que mostra um aumento na densidade sinterizada média com o aumento da quantidade de carboneto de boro, mas foi encontrado o máximo para 90%Al5%SiC5% B_4C

2. c) Análise XRD

A análise de difração de raios X em pó é basicamente uma técnica utilizada em primeiro lugar para a identificação de fases de materiais cristalinos e pode fornecer informações sobre as dimensões das células unitárias. Nesta experiência, foi utilizado o modelo/fornecedor Bruker XRD: D8 para efetuar a análise completa, tendo sido obtidos os seguintes resultados

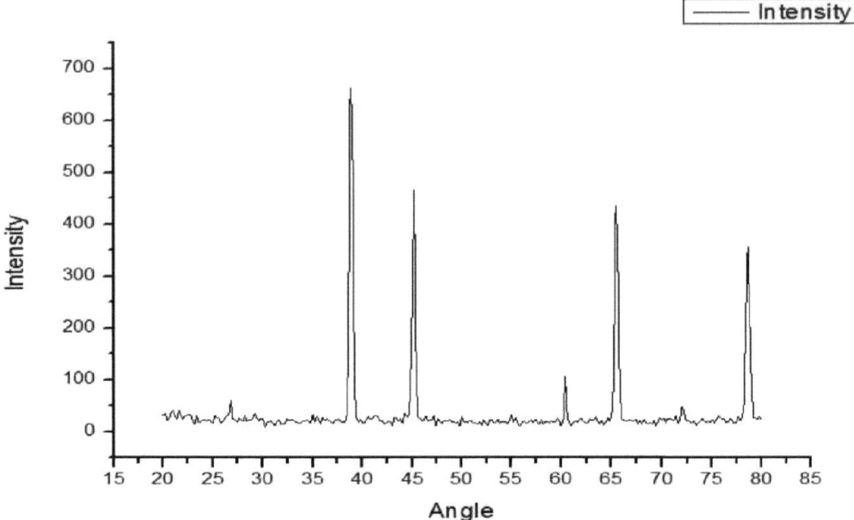

Fig.10. 3 Toneladas 3%SiC7% B_4C

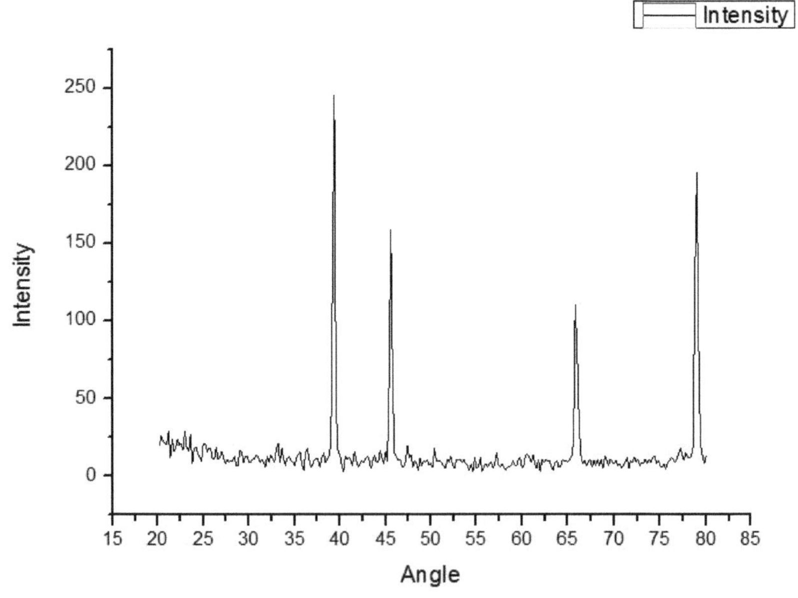

Fig. 11. 3 Ton 5%SiC5 B_4C

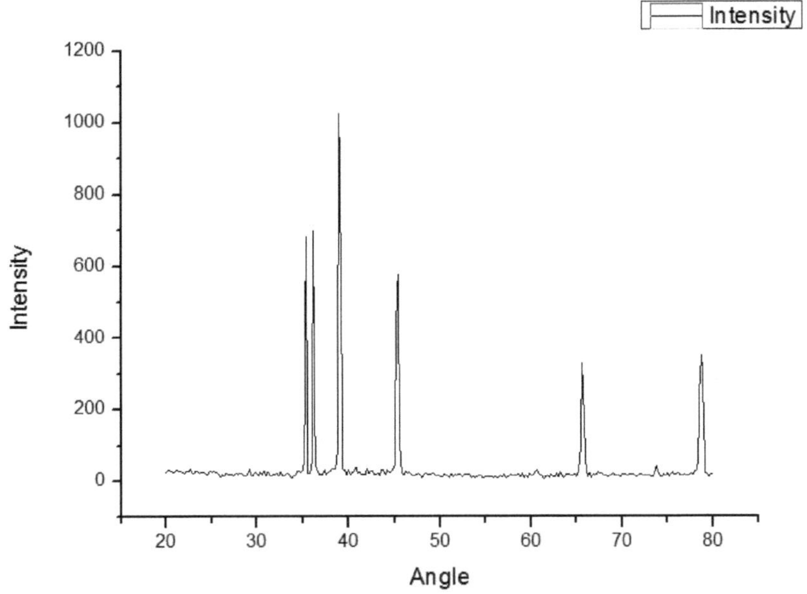

Fig. 12. 3 Toneladas 7%SiC3% B_4C

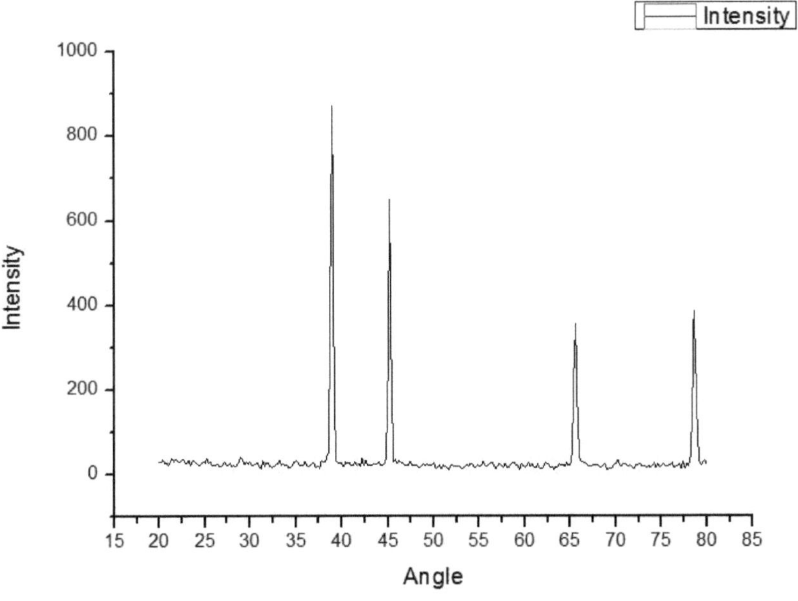

Fig13. 4 Toneladas 3%SiC7% B_4C

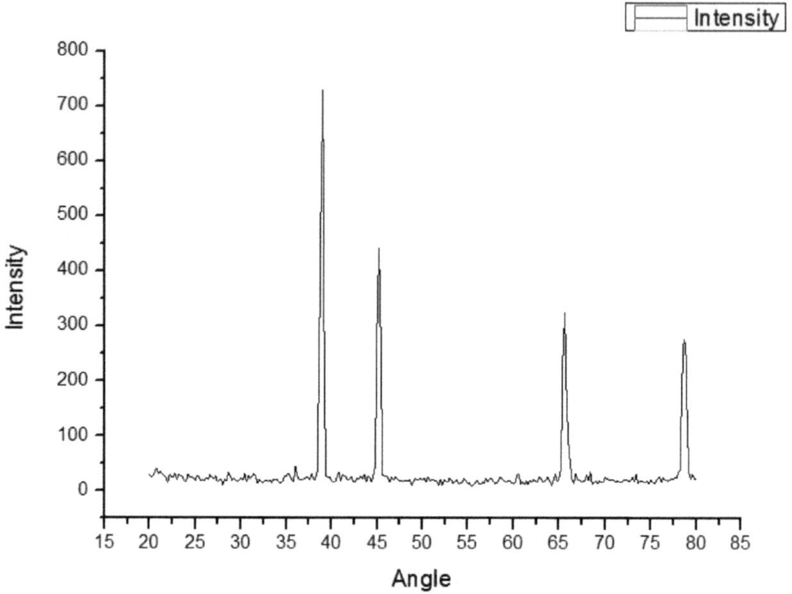

Fig14. 4 Toneladas 5%SiC5% B_4C

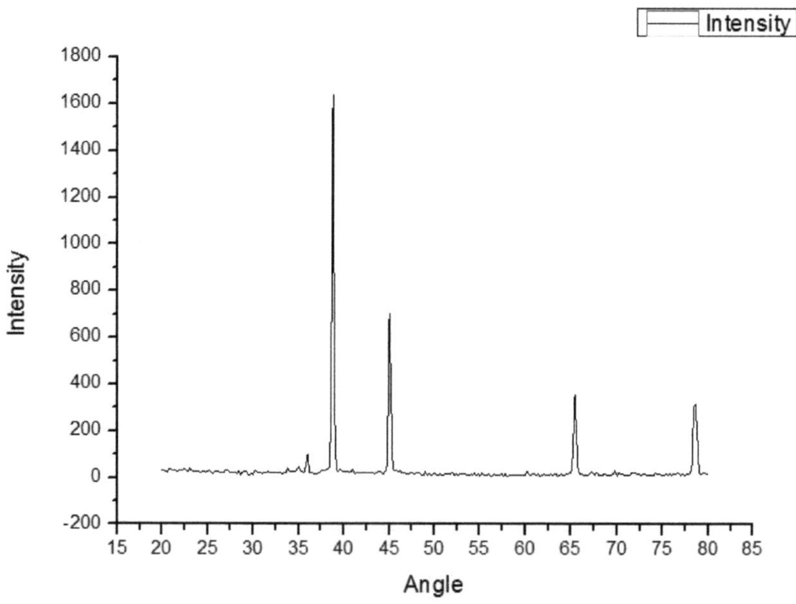

Fig. 15. 4 Toneladas 7%SiC3% B_4C

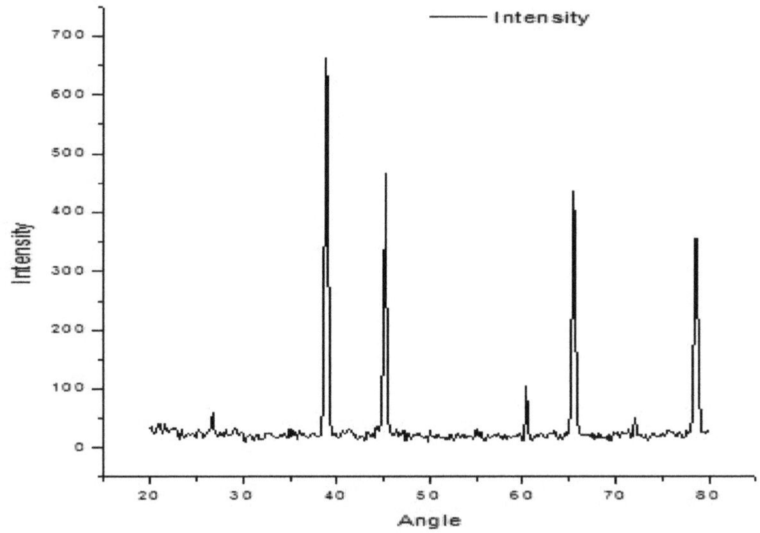

Fig16. 5 Ton 3% SiC7% B_4C

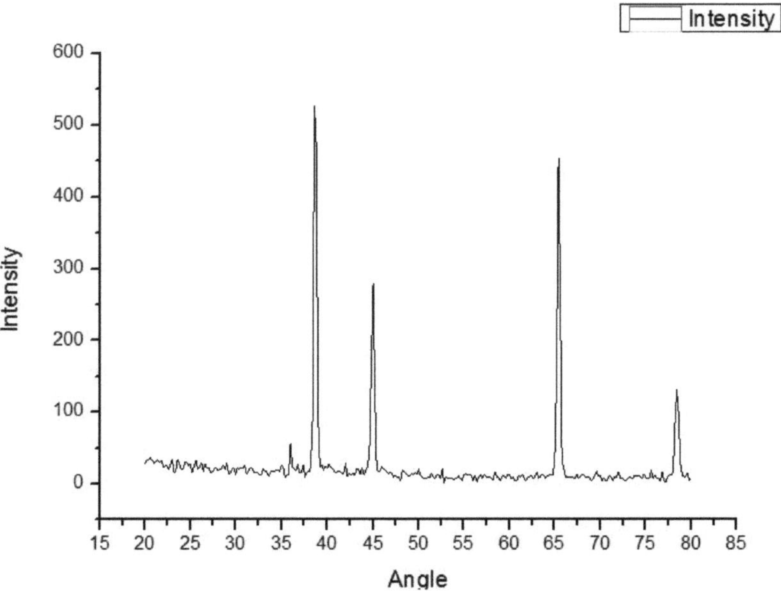

Fig17. 5 Toneladas 5%SiC5% B_4C

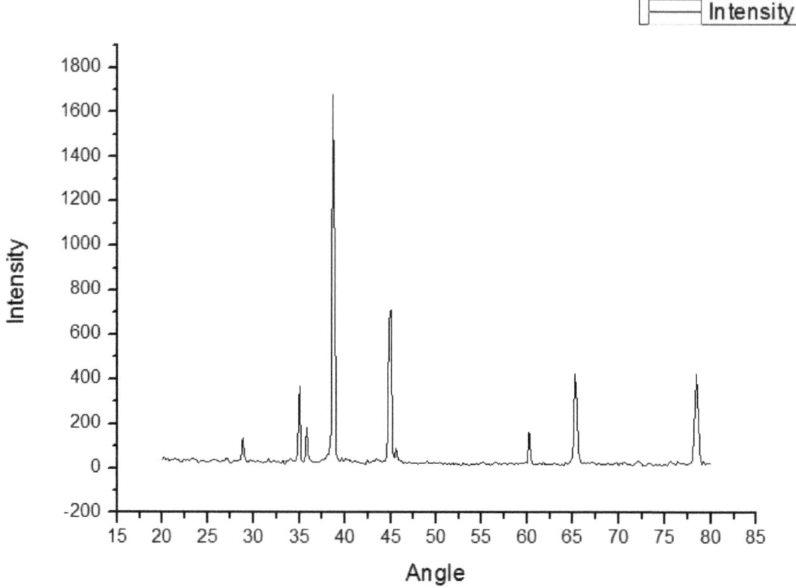

Fig18. 5 Toneladas 7%SiC3% B_4C

A figura acima mostra os diferentes difractogramas de raios X para cada amostra com cargas diferentes. A partir do gráfico, o pico de maior intensidade representa o Al e os picos para o carboneto de boro e o carboneto de silício não são claramente visíveis, devido à mistura de uma percentagem de peso reduzida. Há uma limitação dos raios X, que não consegue detetar as fases de baixo volume.

Morfologia do grão

A tabela abaixo mostra o estudo do tamanho do grão. Todas as composições foram polidas com solução de alumina (5, 1, .3, .05) microns e pasta de diamante e depois gravadas com reagente Keller. Os grãos só foram observados para Al7%SiC3% B_4 C a 4 Ton e para as outras composições não foi possível observar os grãos. Através do microscópio ótico, os grãos foram observados. Através do MATLAB GRAINDIA, o tamanho do grão foi calculado selecionando os grãos visíveis em grandes quantidades.

Composição	**Diâmetro do grão (μm)**	**Arredondamento**	**Relação de aspeto**
Al7%SiC3% B_4 C a 4 Ton	9.557 ± 1.691	0.9081 ± 0.039	6 ± 0.320

Macro hardnes

A dureza de todas as composições a diferentes cargas foi calculada pelo aparelho de teste de dureza Rockwell. A dureza foi calculada a uma carga de 100 kgf e verificou-se que era de 65 HR, o que é máximo para 90%Al5%SiC5% B_4 C. A tabela abaixo mostra o valor de dureza para cada composição. Todos os dados de dureza foram obtidos para as cargas de compactação de 3, 4 e 5 toneladas.

A 3 toneladas

Composição	**Valor de dureza (HR)**
Al3%SiC7% B_4C	.51.6 ± 7.61
Al5%SiC5% B_4C	52.7 ± 4.66
Al7%SiC3% B_4C	69.33 ±2.60

Os dados calculados e a tabela mostram que, com uma carga de compactação de 3, a macrodureza foi máxima para Al7%SiC3% B_4 C e, ao aumentar a percentagem de reforço, a dureza aumenta.

A 4 toneladas

Composição	**Valor de dureza (HR)**
Al3%SiC7% B_4C	56.06 ±7.33
Al5%SiC5% B_4C	46.16 ±5.01
Al7%SiC3% B_4C	64.9 ± 6.02

A partir dos dados apresentados, observa-se que para Al7%SiC3% B_4 C a dureza Rockwell foi máxima.

A 5 toneladas

Composição	**Valor de dureza (HR)**
Al3%SiC7% B_4C	48.96 ±3.59
Al5%SiC5% B_4C	50.6 ± 5.56
Al7%SiC3% B_4C	52.4 ± 6.08

A partir do resultado mostrado abaixo, pode ser claramente visto que a dureza Rockwell foi encontrada para ser máxima para Al7%SiC3% B_4 C.

O aumento da dureza pode ser atribuído à distribuição uniforme do reforço SiC-B_4 C sobre a matriz metálica de Al, bem como ao refinamento do grão. O refinamento do grão resulta no reforço do hall-petch, o que aumenta a macro-dureza.

Conclusões

A investigação experimental conduziu às seguintes conclusões

1. O fabrico bem sucedido do compósito de matriz metálica Al- B_4 C -SiC com reforço de SiC e B_4 C foi possível utilizando a técnica de metalurgia do pó

2. A moagem de bolas do compósito de matriz metálica Al-SiC- B_4 C resulta numa estrutura de pó compósito equiaxial homogénea e fina.

3. Todas as propriedades mecânicas, como a dureza e a densidade verde, dependem do processo de compactação com várias cargas, ou seja, 3, 4 e 5 toneladas, e dependem da compactação manual, pelo que, durante a compactação manual, deve ter-se cuidado e deve ser feita uma lubrificação adequada com corante de 8 mm de diâmetro.

4. A densidade verde média para o Al3%SiC7% B_4 C, Al5%SiC5% B_4 C e Al7%SiC3% B_4 C foi calculada como $2,50*10^{-3}$, $2,62*10^{-3}$ e $2,47*10^{-3}$ gm/mm^3 . Isso representa que a densidade verde média aumenta com o aumento da percentagem de reforço de carboneto de boro, mas a densidade verde foi encontrada no máximo para Al5%SiC5% B_4 C.

5. A densidade sinterizada média para o Al3%SiC7% B_4 C, Al5%SiC5% B_4 C e Al7%SiC3% B_4 C foi calculada como $2,58*10^{-3}$, $2,62*10^{-3}$ e $2,52*10^{-3}$ gm/mm^3 que mostra um aumento na densidade sinterizada média com o aumento da quantidade de carboneto de boro, mas foi encontrado o máximo para Al5%SiC5% B_4 C.

6. A dureza foi calculada com uma carga de 3 toneladas e a dureza máxima foi de 69,33 para Al5%SiC5% B_4 C com uma carga de compactação de 3 toneladas.

Apêndice

Definição de termos importantes

Ductilidade. Uma medida da quantidade de deformação plástica que foi sustentada na fratura.

Extrusão. Uma técnica de conformação em que um material é forçado, por compressão, através de um orifício de matriz.

Limite de grão. A interface que separa dois grãos adjacentes com diferentes orientações cristalográficas.

Tamanho do grão. O diâmetro médio do grão, determinado a partir de uma secção transversal aleatória.

Dureza. Uma medida da resistência de um material à indentação da superfície

Compósito de matriz metálica (MMC). Um material compósito que tem um metal ou uma liga metálica como fase da matriz. A fase dispersa pode ser constituída por partículas, fibras ou cristais capilares que são normalmente mais rígidos, mais fortes e/ou mais duros do que a matriz.

Referências

[1] . Gaurang Deep "Investigação das propriedades mecânicas do compósito Al-SiC através do processo de metalurgia do pó" Vol.5, Edição 9, setembro de 2016,IJIRSET.

[2] . S.Das "Experimental investigation on the effect of reinforcement particles on the forgeability and the mechanical properties of Al- meta matrix composite" Material sciences and applications, 2010, 1, 310-316.

[3] Rajesh purohit "FABRICATION OF Al-SiCp COMPOSITES THROUGH POWDER Metallurgy Process and Testing Of Properties", International hournal of engineering and technology,ISSN:2248-9622, Vol 2 Issue 3, May-june 2012,pp.420-437.

[4] Md. Habibur rehman "Caracterização do compósito de matriz Al com reforço de carboneto de silício", ICME 2013, procidia engineering 90(2014) 103-109.

[5] Aniruddha V.Mulley " Nano and hybrid aluminum based etal matrix composite; an overview", A.V Muley et al. publicado por EDP Sciences ,2015, DOI : 10.1051 /mfreview/2015018.

[6] Y.sahin "prepairation and some properties of SiC reinforced aluminum alloy composite" Material and design 24 (2003) 671-679, disponível online em sciencedirect.com.

[7] T.G Nieh " Mechanical properties of discontinuous SiC reinforced aluminum composites at elevated temperature" journal of engineering material and technology, volume 110/97, april 1988 by ASME.

[8] Yusof Abdullah " Al/ B_4 C composite with 5 and 10% reinforcement content by powder metallurgy" Journal of nuclear and related technologies, Volume 9, No.1, june, 2012.

[9] Jinkwan jung "Advances in Manufacturing Boron Carbide-Aluminum Composites" journal of the American ceramic society, volume 87, número 01-2004.

[10] M.F Ibrahim "Propriedades mecânicas e fratura do compósito de matriz metálica com base em Al 15%-B_4 C" Revista internacional de investigação sobre metais fundidos, n.º 1, vol. 27- 2014.

[11] Baradeswaran A. "Effect of B_4 C on mechanical properties and tribological behaviour of AA-6061 B_4 C composite", journal of the Balkan tribological Association" vol.19.iss.2pp,230-239, 2013.

[12] Pradeep V. Badiger "Investigation on Mechanical Properties of B_4 C Particulate Reinforced Al6061 Metal Matrix Composites" Revista internacional de investigação em engenharia aplicada, ISSN 0973-4562 vol.10 No.71-2015.

[13] Dewab Muhammad nuruzzaman "Fabrico e propriedades mecânicas do compósito de matriz metálica de alumínio - óxido de alumínio" IJMME-IJNES, Volume: 15, No: 06

[14] Bhaskar raju S A "Mechanical and tribological properties of Alumnium metal matrix composite through powder metallurgy" ISSN 2278-0149, Vol.3,No.4,October 2014.

[15] N.parvin "The charactertics of alumina reinforced pure Al matrix composite" Conferência internacional sobre o avanço da física aplicada e da ciência dos materiais, Vol.121, 2012.

[16] G.B veeresh kumar "Studies on Al6061-SiC and Al7075- Al_2O_3 metal matrix composite" Journal of minerals and material characterization and engineering, Vol.9, No.1, pp,43-55,2010.

[17] M.Ravichandran "Síntese do compósito Al-TiO_2 através da rota da metalurgia do pó líquido" SSRG-IJME- Vol-1, Issue-1, fev -2014.

[18] Manickam Ravichandran "Estudos de trabalhabilidade de Al + 2,5% TiO_2 + Gr metalurgia do pó durante a perturbação" ISSN 1516-1439, Mat.Res Vol. 17, No.6 São Carlos Nov./Dez.2014.

[19] Sumnath H R "Investigação experimental do comportamento mecânico e tribológico de Al6061-TiO_2 processado pela técnica de metalurgia do pó" IJSRD, Vol.3, Issue 03, 2015\ ISSN(online): 2321-0613.

[20] Joel Fredrick flumerfelt "Livro sobre o processamento da metalurgia do pó de alumínio", IOWA STATE UNIVERSITY" 1998.

[21] Michael Oluwatosin Badunrin " Compósito híbrido de matriz de alumínio: uma revisão das filosofias de reforço; propriedades mecânicas, de corrosão e tribológicas. J.mater RES Technol: 2015, 4(4): 434-445.

[22] Joel Fredrick flumerfelt "Livro sobre o processamento da metalurgia do pó de alumínio", IOWA STATE UNIVERSITY" 1998.

[23] Arvind Sankhla " On studies of powder metallurgy as an effective method for processing metal matrix composite", ISSN-2249-555X, Volume 5, Issue 1, Jan-2015.

[24] V.Rama.Katesowara Rao "A review on properties of aluminum based metal matrix through stir casting", IJSER, Volume 7, Issue 2, february-2016.

[25] B.Vijaya Ramnath "Revisão da matriz metálica de alumínio", Rev.Adv.Mater.Sci.38(2014)55-60.Recebido: outubro 2013.

[26] P.O Babalola "Desenvolvimento de compósito de matriz metálica de alumínio; uma revisão" ISSN-2346-7452, Volume 2: pp.1-11. abril de 2014.

[27] M. Marimuthu "preparação e caraterização de Al- B_4 C compósitos de matriz de liga de Al-Mg reforçados com partículas", IJMER, Vol. 3, Issue. 6, Nov/Dez.2013, ISSN-2249-6645.

[28] Anggara B.S " Propriedades mecânicas do compósito de matriz metálica Al/SiC e Al/Cu/SiC", KnE Engineering , Vol.2016, 5 páginas, DOI 10.18502/Keg.V1I1.520.

[29] Bartakke Nikhil N. "análise das propriedades mecânicas do compósito de alumínio e alumina variando a percentagem de alumina" IRF ieee forum international conference 3rd april,2016 pune, india.

[30] Yashavanth kumarT "A review on mehcnaicla properties of Al- B_4 C composite via different routes" IRJET,Vol.03, issue:03 05/may-2016.

[31] Kopeliovich, D. Polymer Matrix Composites (introdução). 2012; Disponível em: http://www.substech.com/dokuwiki/doku.php?id=polymer introdução de compósitos de matriz.

[32] . Clyne, T.W. e P.J. Withers, An Introduction to Metal Matrix Composites. 1995: Cambridge University Press.

[33] . https://www.irjet.net/archives/V3/i10/IRJET-V3I1022

[34] . S. RAY, ,MTech Dissertation' (Indian Institute of Technology,Kanpur, 1969)

[35] . S. A. Sajjadi, H. R. Ezatpour, H. Beygi "Microestrutura e propriedades mecânicas de micro e nano compósitos de Al-Al2O3 fabricados por fundição por agitação" Materials Science and Engineering A 528 (2011) 8765-8771

I want morebooks!

Buy your books fast and straightforward online - at one of world's fastest growing online book stores! Environmentally sound due to Print-on-Demand technologies.

Buy your books online at
www.morebooks.shop

Compre os seus livros mais rápido e diretamente na internet, em uma das livrarias on-line com o maior crescimento no mundo! Produção que protege o meio ambiente através das tecnologias de impressão sob demanda.

Compre os seus livros on-line em
www.morebooks.shop

info@omniscriptum.com
www.omniscriptum.com

Printed by Books on Demand GmbH, Norderstedt / Germany